達爾文的物競天擇
從航海過程醞釀出物種演化

徐寶賢 著　安恩珍 繪　金學顯 監修　游芯歆 譯

目次

第1章　遇見達爾文 … 6

夢幻研究室 … 8

神奇的書架… 13

達爾文是收藏家嗎？ … 18

第2章　尋找問題 … 22

一窺達爾文的筆記 … 24

發現問題之旅——小獵犬號航程 … 34

隱藏在雀喙中的祕密 … 40

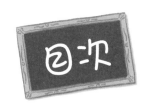

第3章 達爾文的研究室 … 48

達爾文的童年 … 50

尋找變化的痕跡：藤壺實驗 … 56

天擇是冷酷的：草坪實驗… 64

串連完全不同的事物：食蟲植物實驗… 71

第4章 失敗也沒關係 … 82

第一次實驗失敗 … 84

不要隱瞞自己的無知 … 89

聰明學習 演化的證據——化石 … 98

第1章
遇見達爾文

夢幻研究室

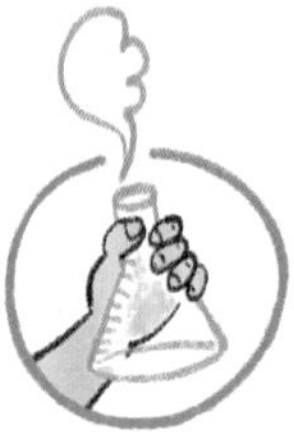

「匡噹！」

就在我踮起腳尖要擦拭書架隔板上的灰塵時，架子上雜七雜八的東西嘩啦啦地掉了下來。

「收了又收，怎麼都收拾不完呀！」

我氣得忍不住大叫。這個房間不但陽光照不進來，還散發著一股霉味，到處都堆積著厚厚的灰塵，角落裡也布滿了蜘蛛網。當我大聲嚷嚷說要把這個地方當成我的研究室，打掃也由我自己來的時候，媽媽還一副大驚小怪的模樣。太奸詐了，竟然沒有事先告訴我會這麼辛苦。我猛然直起身來，抬頭看著我自己做的牌子。

「科學家金鎮宇的第一個研究室」

沒錯，這裡就是我的第一個研究室。不管閱讀哪位科學家的傳記，沒有任何一位是從一開始就在設備齊全的研究室裡進行實驗的。世上也沒有哪個父母會

在還不知道孩子能不能成為優秀科學家的情況下，就提供一間有模有樣的研究室吧，除非是家財萬貫的有錢人！但是……。

我看了看四周，老舊的書桌上有1台故障的顯微鏡和姊姊不要的筆記型電腦，旁邊放著1個鍬形蟲飼養箱。陳舊的書架上有科學讀物和燒杯、三角燒瓶等一些實驗器材，還有我認真組裝的機器人，以及滿天飛揚的灰塵？

（不行，我不能就此放棄，有那麼多科學家都曾經歷一次又一次的實驗失敗！而我連一個正式的實驗都還沒做過呢！）

我把從書架上掉下來的雜物都掃進紙箱後，又拿起了抹布。我伸長手，用抹布把書架最上層的隔板快速地擦了一遍。

咦，突然響起卡啦一聲。

「嗯？什麼東西破了嗎？」

我看了看書架四周和隔板，別說是玻璃碎片，連個碎屑都沒看見。我踮起腳尖探頭觀望，想看看隔板最內側的地方。隔板的深處排放著密密麻麻的玻璃

瓶，看起來像是用來保管採集到的生物，但是瓶子裡空空的什麼都沒有。我想了又想，我們家沒有哪個人會用這種瓶子呀……。

「好神奇喔，我第一次看到這種東西！」

我伸手去搆，想仔細觀察瓶子。就在這一瞬間，書架突然像旋轉門一樣轉了起來！

我緊緊地抓住書架深怕自己會摔下去，沒想到卻和旋轉的書架一起被捲入黑暗的旋風中。當下我不自覺地尖叫起來，隨即失去了意識。

「啊～！」

神奇的書架

哇，我大概是暈倒了吧，我用手摸了摸腫起來的額頭。咦，這冰敷袋從哪裡來的？我四下張望，怎麼回事，這個房間我從沒來過。

「這太不可思議了，那個書架明明緊貼著牆壁，難道我現在是穿牆過來的嗎？」

在整齊乾淨的房間一側，有著大大小小的箱子，書桌上還有一本本厚厚的書。房間裡有一個顯眼的書架，樣子就和我的研究室裡那個把我帶到這裡來的書架一模一樣。就在我揉揉眼睛，想看個清楚的時候，房門咿呀地一聲被打了開來。然後一個滿臉鬍鬚，臉色不怎麼好的外國叔叔走了進來。

「現在好點了嗎？」

聽起來像是外國話，但我一下子就能聽懂。只是我不確定我說的話叔叔能不能聽懂，所以只是眨了眨眼睛。

「你怎麼會跑進我的研究室裡？看你的長相好像是從亞洲來的，該不會是來偷標本的吧？」

算了算了！管他能不能聽懂，我得先說話才行，不

然一不小心就會被當成小偷。

「我叫鎮宇，叔叔您是哪位？」

「我？我叫查爾斯・達爾文。鎮宇？名字聽起來還不錯。」

哦，還好可以溝通，接下來就該說明情況了。雖然我很怕自己會被當成奇怪的人，但還是決定實話實說。

「我不是來偷東西的，我的書架，是那個書架把我帶到這裡來的。真的！」

「嗯，雖然世上有些事情的確無法解釋……。」

叔叔用微妙的眼神來回掃視我和書架。我還在考慮要不要現在趕緊逃走算了，但從這裡出去以後，也有可能永遠都回不去我的研究室。話說回來，剛才那位叔叔說了什麼？

「達爾文？叔叔是查爾斯・達爾文？進化論之父達爾文？」

叔叔嚇了一跳，隨即放聲大笑。

「是的，我就是主張進化論的達爾文。陌生國家的少年居然知道我，這也太奇妙了。」

哇啊，我竟然遇見了這麼一位大科學家！

查爾斯・達爾文是誰？

查爾斯・達爾文（1809～1882年）是英國生物學家，也是博物學家。雖然出生於英國知名的醫生世家，卻對醫學不感興趣，反而熱中於收集和打獵。曾經為了成為醫生而在愛丁堡大學短暫上過醫學院，但沒多久就放棄了。後來為了成為牧師又到劍橋大學學習神學，但在那裡也不怎麼努力用功。

畢業後，達爾文搭乘英國海軍航艦小獵犬號到世界各地探險。旅行結束後，他出版了《小獵犬號航海記》一書，頓時聲名大噪，他也開始了日後成為進化論基礎的研究。

達爾文由於身體虛弱、經常生病，所以住在鄉下療養，在家裡進行研究。1859年，他50歲那一年出版了《物種起源》一書，在社會上引起了非常大的爭議。之後又透過大量的研究，發表了補足進化論的論文。進化論被認為是一項在擺脫「神造萬物」的觀念上，發揮了重大作用的科學理論。

查爾斯・達爾文年輕時的畫像。

達爾文是收藏家嗎？

砰砰砰，我好不容易才讓亂跳的心臟平靜下來。查爾斯・達爾文，那麼這個人不就是歷史上偉大的科學家之一嗎？我抓著達爾文叔叔的衣角貼近他身邊。

「叔叔，叔叔，我有問題想請教您。」

叔叔慈祥地笑著，緊緊握住我的手。

「嗯，你儘管問。」

於是，我開口問出此刻第一個浮現在腦海裡的問題。

「叔叔您是哪方面的科學家？」

「嗯……。」

叔叔皺起了眉頭，像是聽到了一個世上最難回答的問題似的。

其實是這樣的，只要一提起「達爾文」，我只會想到雀喙的故事、乘坐小獵犬號遠航無數島嶼，以及主張進化論而受到許多人的指責這些事而已。仔細想想，我從來沒有聽說過達爾文確切是屬於哪方面的科學家。不是都會分成什麼化學家、物理學家、鳥類學家之類的嗎？

叔叔不好意思地撓撓頭，說了一句話。

「雖然經常被人說是博物學家，但簡單來說，應該是收藏家吧？」

我失落地望著叔叔。

「您是說，不管什麼東西您都喜歡蒐集嗎？」

「沒錯！無論是植物、鳥、蚯蚓、蝴蝶、甲蟲、石頭……只要看起來很有趣我都會蒐集！」

我歪了歪頭感到難以置信，我想像中的科學家應該要是很有派頭的樣子，怎麼會是做像我這種小學生也做得到的「蒐集」呢？真是出乎我的意料。如果是樹葉或蝴蝶的話，連我這種小學生也會蒐集。

「為什麼？蒐集這些東西有什麼好的？」

雖然我並不是想找碴，但不自覺地說話就有點衝。然而，達爾文叔叔比想像中更友善，聽了我的問題後，認真地想了想才慢慢地回答。

「即使是再微不足道的事情，對於感興趣的人來說就是很有趣的話題。所以，只要能提供有趣的話題，不管是什麼東西我都蒐集。」

叔叔把整齊排放在房間角落裡的幾個箱子一一搬了過來。

我的天呀，從箱子裡拿出來的東西真是五花八門、什麼都有。每次看到我驚訝地張大嘴，達爾文叔叔就高興地搬出更多的箱子來。

「鎮宇呀，把書架上的箱子搬過來，裡面應該還有幾個我從加拉巴哥群島帶回來的鳥類標本！大部分都送給了鳥類學家的朋友，只留下了幾個。」

「哦，我知道加拉巴哥群島！」

終於出現我也知道的東西，我興奮地跑到書架旁，踩了矮凳上去。但即使踩在矮凳上，我還是得踮起腳尖才能勉強搆到箱子。就在這一瞬間，從書架後面又傳來熟悉的聲音。

「卡啦！」

（哎呀，這是剛才聽到的聲音……。）

突然周圍一陣漆黑，我跌落在我的研究室地板上。和之前不同的是，我手上拿著1本情急之下從達爾文叔叔書架上帶走的筆記本。

第2章 尋找問題

一窺達爾文的筆記

黑漆漆的夜裡，家人全都睡了，我對著達爾文叔叔陳舊的筆記本猶豫了好一陣子，總有種偷窺別人日記的感覺。我把筆記本放到鼻子下用力深吸一口氣，聞到了一股霉味；像魚腥味也像陳年舊紙的味道。一打開筆記本，就看到達爾文叔叔扭扭曲曲的英文字跡，而神奇的是，我竟然能把上頭的英文流利地解讀出來！

1832年1月5日

出發前我多麼期待這次的旅行呀！不知道費了多大的勁才讓父親同意我去旅行！但是現在對我來說有一個最大的問題，那就是暈船。小獵犬號比我想像的要小，我能使用的空間也比想像的更小，一個像糖果盒一樣小的房間裡，躺了學生、軍人和我3個人。如果想平躺在吊床上，那就得把對面衣櫃的抽屜拿出來，再把腳伸進去。我已經暈船好幾天了，每天只能吃葡萄乾，費茲洛伊船長似乎認為只要一抵達港口，我就會立刻收拾行李回家。但是你等著瞧吧！

難怪，我想起達爾文叔叔蒼白的臉孔，讀了日記才知道，他年輕的時候身體也不怎麼好的樣子。但令人吃驚的是，他居然能夠乘坐那麼小的小獵犬號航行全世界長達將近5年的時間。不過，在日記裡馬上找到了讓他無法停止旅遊的原因。哇，這太有意思了！

達爾文叔叔遇見土著的故事真是趣味十足，還有在阿根廷海邊找到滅絕的巨型樹懶「大地懶」頭骨化石的內容也很棒，說得簡直就像我經過小巷子時，在地上隨便一挖就可以發現恐龍化石一樣。

達爾文叔叔每次一抵達港口就把自己在各地蒐集到的東西郵寄回家，他的家人該有多驚奇呀？從聽都沒聽過、看都沒看過的外國港口運來的無數箱子，結果打開箱子一看，發現裡面裝滿了動物標本、老骨頭、石頭的話，一定更讓人吃驚吧？

1833年1月28日

一片漆黑的夜晚，我現在在火地島的一座島嶼上負責站崗，這是為了防備土著們可能會對我們展開攻擊。在這黑暗的夜裡，整座孤島上只有我一個人醒著，感覺有一點寂寞，我不禁想起了故鄉和家人。只有士兵們沉睡時的呼吸聲、鳥鳴聲和狗叫聲才能喚醒這片寂靜。

小獵犬號上個月抵達了火地島，島上住著土著，他們的模樣和我們大不相同，令人十分震驚。當我們抵達島上的一個村莊時，出現了4、5個土著，全身赤裸一絲不掛。土著們一看到我們就高舉雙手大聲尖叫。

土著們喜歡看我們唱歌跳舞，就連我們洗澡時也目不轉睛地盯著看，似乎覺得很新奇。我們連穿著厚衣服坐在火堆旁邊都覺得冷，而土著們全身赤裸仍然汗流浹背。這世界上不知道還有多少形形色色的人生活著呢？

1833年8月24日

哇，到現在我都還很激動，今天真是令人興奮的一天，即便一直暈船，但我終於感受到這次航行的意義了。

小獵犬號抵達阿根廷布蘭卡港，在這裡的蓬塔阿爾塔地區發現了巨大的哺乳動物化石，有大地懶、巨爪地懶、磨齒獸、箭齒獸等等。這麼多不同種類的動物化石竟然在同一個地方出現，真是太令人驚訝了。尤其是大地懶頭骨化石，我們找到了足足3個。大地懶的軀體超過7公尺，擁有粗腿、巨足，還有鋒利的腳爪。箭齒獸的大小和大地懶差不多，但牙齒結構和老鼠很類似，不過從眼睛、耳朵、鼻孔的位置等來看，反而比較接近儒艮、海牛或河馬之類的動物。

當這些動物還存活的時期，這個地方是什麼樣子呢？有多少動物曾經在這裡生活呢？我在腦海中描繪著當時的情景。

1834年8月14日

大地不是靜止不動，而是真的在運動嗎？今天似乎看到了這個證據。

我出門調查安地斯山脈的地質情況，沿著山路往上走，一直走到接近山頂的地方。然而令我驚訝的是，我在那裡找到了貝殼。貝殼散落在地面上和泥土裡，為什麼生活在海裡的貝殼會出現在這麼高的山上呢？看來確實是海岸隆起了。

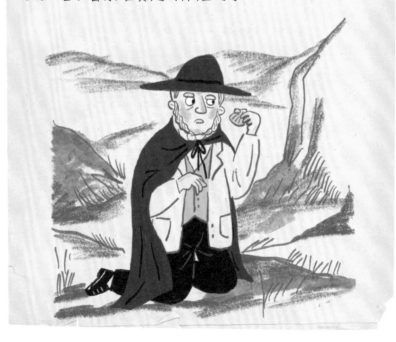

1835年2月20日

唉，我真的能平安回家、投入家人的懷抱嗎？今天我為此擔心了一整天。

因為今天遭遇到了地震，地震發生的當下，我正在智利的一座森林裡打瞌睡。突然間大地開始搖晃、發出了相當巨大的聲響。地震持續了大約2分鐘，雖然人勉強還能站直，但大地晃動時身體所感受到的震動十分驚人，我頭暈得就像乘坐在航行於驚濤駭浪中的船隻一樣。沒想到就算是待在陸地上也會暈船！費茲洛伊船長和另外幾個人當時則正好在城裡，聽說那裡的場面更加令人觸目驚心，房子整個傾斜、人們則是哭叫著衝出家門，還有些村莊的房屋倒塌，使得許多人受傷甚至喪命。我雖然沒有親眼目睹，但如果我真的看到，大概會以為自己見到了地獄吧。

真的沒想到竟然能直接感受堅硬牢固的大地在我腳下動盪，我再一次切身體會到大地不是固定不動，而是會活動的。

達爾文叔叔說他對世界上的一切都感到好奇，就連很容易被忽視的石頭啦、大地啦，他都真的很用心在觀察。而且，他不是只有觀察而已，還會認真地思考，因此他才成為了有名的科學家吧？不管怎樣，達爾文叔叔明顯不是別人教什麼就信什麼的人，他會根據自己親眼看到的，形成自己的想法。

然而，自從小獵犬號抵達加拉巴哥群島附近，接下來就再也沒有任何紀錄了。不要！我不要！這麼生動有趣的冒險故事斷在中間，讓我焦急地想知道後續情節。我心情激動地跳著腳，但看到窗外天色漸漸發白，不禁嚇了一跳，我還得去上學呢……。我把筆記本藏在枕頭下面，趕緊睡覺。達爾文叔叔，請您等著我，我一定會去拿下一本日記的！

達爾文的小獵犬號航程

小獵犬號是英國海軍的一艘測量船，當時英國正在世界各地開拓殖民地，小獵犬號的任務就是進行繪製地圖時所需要的測量工作。小獵犬號的船長費茲洛伊在出發前就貼了公告，要找一個航行期間可以陪自己聊天的人。因為當時英國海軍規定，船長不可以和其他船員一起吃飯或進行私人對話，所以除非他另外帶一名同伴，否則整個航行期間他都得閉著嘴巴。

達爾文的好朋友植物學教授亨斯洛看到費茲洛伊船長的公告後，就推薦了達爾文。雖然達爾文心急如焚地想衝上小獵犬號，但他的父親卻說這是徒勞無益的事情，不僅反對他上船，還拒絕提供旅費。

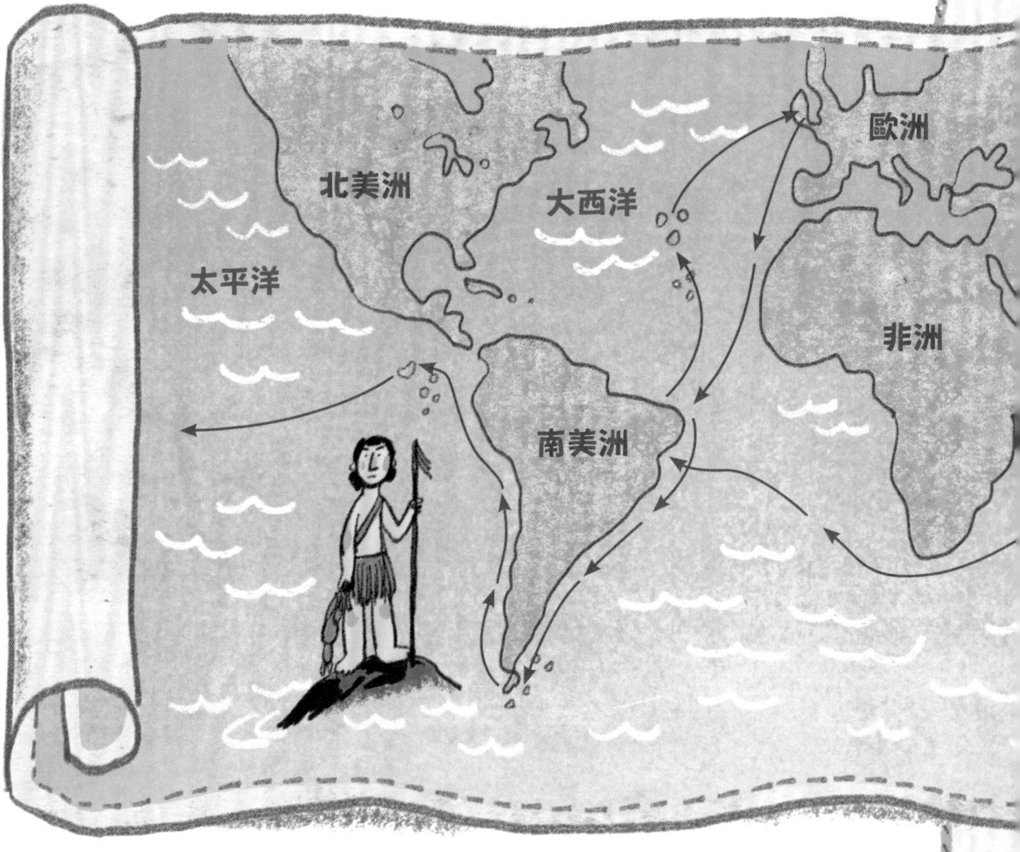

達爾文非常失望，只好去找舅舅支援，最後達爾文的舅舅終於說服了他的父親。

1831年小獵犬號從英國普利茅斯港出發，經過非洲維德角群島，航向南美洲大陸。接著從巴西巴伊亞地區開始，繼續沿著南美洲大陸的海岸線航行，不只是海上航線，還會從港口上岸，到附近的內陸探險。之後又經過智利到加拉巴哥群島，再經由太平洋的大溪地島航向紐西蘭。接著沿著澳洲大陸的南端航行，經過非洲大陸的最南端，再度前往南美大陸的巴西，最後返回英國普利茅斯港。抵達那年是1836年，小獵犬號的航程總共花費了5年的時間。

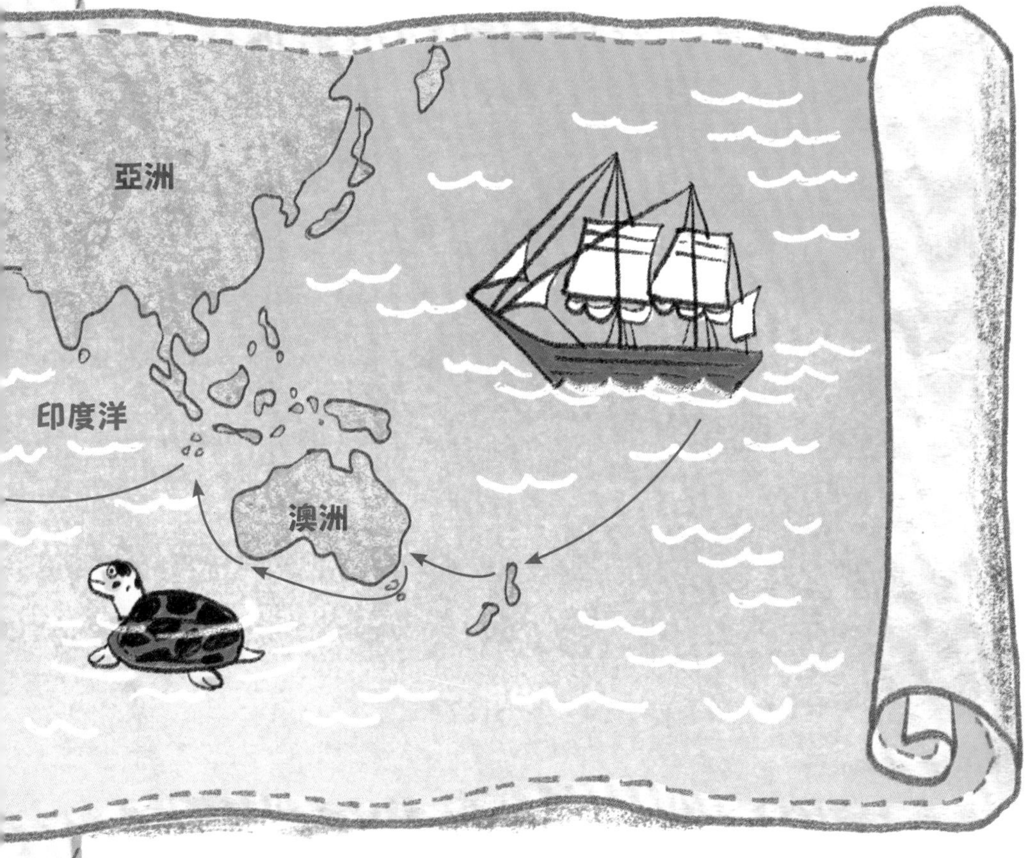

發現問題之旅——小獵犬號航程

激動過後，又有了新的煩惱。我該去見叔叔嗎？還能再去一次嗎？上次運氣好很快就回到家裡，但也有可能永遠都回不來……。

「不，我不能錯過這樣的機會，不管怎樣還得再去一次才行！」

我無論如何都想再見到達爾文叔叔，所以我跑到研究室裡，把筆記本緊緊地塞進懷裡，瞪著書架說：

「再轉一圈看看！」

又不是什麼動畫電影，書架不可能聽懂我的話。我決定敲敲書架的隔板，還站在書架前喊了叔叔的名字，結果全都是白費力氣。我仔細地回想，最後決定製造出和上次一模一樣的情景。一手抓著抹布，另一手故意推了一下放在書架最上層的玻璃瓶。隨著卡啦聲響起，書架轉了一圈，我下意識地喊了出來：

「原來祕密就是玻璃瓶！」

我的身體再一次被捲入黑暗的旋風中。

「砰！」

伴隨著巨大的聲響，我掉進了達爾文叔叔的研究室。遠遠地傳來噠噠噠噠的腳步聲，房門吱呀一聲打了開來，是達爾文叔叔。

「果然是你！因為不知道你什麼時候回來，所以我一直在留意。」

我拿出塞在懷裡的筆記本遞給叔叔。

「叔叔對不起，上次不是故意拿走的，不知道怎麼一不小心……。」

叔叔接過筆記本打開來看，哈哈地笑了起來。

「這本筆記本竟然還在！好久以前寫的東西。你看過了嗎？」

我忐忑地回答說看過了，因為沒有人會喜歡自己的筆記本被別人隨意翻閱。

「啊，小獵犬號航海故事太有趣了，我不知不覺就看完了。」

「當然，很有意思吧！因為那5年的冒險是現在根本無法想像的事情。」

還好還好，達爾文叔叔一點也沒有因為我讀了他的日記就變得不高興。我想著要不要趁機把後面的日記也借來看，就問了一聲。

「可是沒有提到研究進化論的部分，從到了加拉巴哥群島以後就沒有下文了，後面的故事您也寫下來

了嗎？」

「嗯？我不是在那個時候想出進化論的。」

我頓時不知道該說什麼。

「啊，我還以為您是在乘坐小獵犬號航行期間想出進化論的，原來不是呀？」

「不是，不是。我並不是想出進化論，而是發現了問題才導出進化論的。包括你在日記本裡看到的化石和地震，還有我後來看到的各種生物，因此才產生了『物種是不是會發生變化？』的想法。」

難道我之前看的有關達爾文的書都講錯了嗎？要不然，難道是我自己誤會了？我時常想像達爾文在小獵犬號航行期間突然想出進化論的場景。結果，進化論居然是時隔多年後才想出來的！叔叔說他在小獵犬號航程中發現了問題，這話又是什麼意思？

「您說發現了問題？那麼您是如何解開那些問題的？」

叔叔眨了眨眼睛，指著研究室裡的箱子說：

「你以為我是空手回家的嗎？」

我噗哧一聲笑了出來。

「不，我想您一定是滿載而歸！」

「答對了！1836年10月，我從小獵犬號下船以後，滯留在倫敦整理標本。大部分的標本都寄給專家讓他們研究，只留下了幾個而已。」

「啊？好不容易才蒐集到的東西就這樣送人？」

達爾文叔叔笑瞇瞇地說：

「你一開始不是問過，我是哪方面的科學家嗎？我既不是鳥類學家，也不是地質學家，與其讓我盯著那些標本，還不如交由更了解它們的人來研究比較好。而且你知道嗎？事實上，要不是我把標本寄給專家們，也不會開始後來的研究。在我的研究中，發現『雀喙』的其實不是我，而是鳥類學家約翰．古爾德。」

「真的嗎？叔叔，這件事請您說得詳細一點，因為我一直堅信『雀喙』就等於『達爾文』。」

「哈哈，那你坐在這裡，喝杯熱茶慢慢聽我說吧。」

我和叔叔一起並排坐在壁爐前面的椅子上，叔叔的眼睛熠熠生輝，開始說起往事。

隱藏在雀喙中的祕密

收到我寄去的鳥類標本之後，古爾德把這些鳥分為13種，說牠們是近親關係，但不是同一物種。舉例來說，馬和驢雖然兩者長相相似、也可以交配，但很難歸類為同一種動物。

我聯絡了在加拉巴哥群島上的那些朋友，向他們確認我手中的這些鳥類標本分別是來自哪座島、牠們主要吃些什麼，然後我也開始思考喙的模樣為什麼會改變。

我的想法是這樣的，可能是南美洲大陸的雀鳥曾經被颱風吹散到加拉巴哥群島的好幾個島上。因為落腳的島嶼距離原本的南美洲大陸太遙遠，雀鳥沒辦法

適合吃堅硬種子的喙

果實或種子

適合叼著樹枝等工具
刺捕幼蟲的長喙

樹幹裡的昆蟲

適合捕捉小昆蟲的喙

小昆蟲

適合吸取仙人掌汁液的喙

仙人掌汁液

適合啄食嫩芽或軟果實的喙

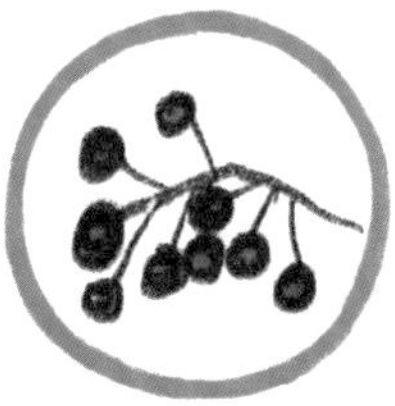

嫩芽或果實

再飛回故土，也沒辦法往返其他島嶼生活，於是牠們就各自留在被吹過去的島上進而適應當地環境，定居了下來。

加拉巴哥群島的島嶼乍看之下都很相似，但自然環境和鳥類能吃的食物都稍微有點不同，譬如有的島水果多、有的島昆蟲多、有的島則是仙人掌多等等。所以我就想，剛從南美洲大陸被吹過來的時候，各島上的雀鳥外型應該都很相似；等過了一段時間，是不是為了適應各個島嶼的環境和食物，鳥喙才稍微有了改變。

現在我要做的，就是找出「怎麼會發生這種事情」的原因。只有把這個過程公諸於世，證明這不是荒誕無稽的想法、而是一個無可辯駁的理論時，才能獲得認同。

「啊，原來如此！」

我點了點頭，也非常非常羨慕叔叔，因為他環遊了全世界，經歷過地震、看過火山爆發，還採集了鳥……這不是一般人輕易能擁有的經驗。

「我也想像叔叔一樣乘船到處走，看遍新奇的事物。可是現在我只有一間灰塵密布的研究室……怎麼看都很難成為優秀的科學家吧？」

達爾文叔叔搖了搖頭回答說：

「你誤會了！我的確在小獵犬號航行中得到了很多東西，但回來以後我研究的只有藤壺、鴿子和捕蠅草之類的。再說一次，我的進化論不是在小獵犬號上想出來的，而是從一些微不足道的細節中證明了『進化的過程』，才推演出來的。」

我用充滿懷疑的眼光看著達爾文叔叔。

「真的嗎？上次您也提到了藤壺，這東西有那麼多值得研究的地方嗎？看起來只是一個小貝殼呀？」

「當然，多得很！想看看嗎？」

達爾文叔叔走近書架想把箱子拿出來。當我站在叔叔旁邊正準備接過箱子時，研究室的門卻突然被打開了。

「爸爸，有一封來自倫敦的信。」

「啊，嗯。放在那裡吧！」

達爾文叔叔擋在我前面，似乎想把我藏起來，然

後用手指著窗簾的方向小聲地說：

「躲到那後面去！」

我像蜘蛛一樣一點一點往旁邊移動，就在我感覺到腳好像踢到了什麼東西的時候，「卡啦」的聲音再次響起，我在心裡大喊：

（時機抓得太棒啦！）

什麼是進化論？

・達爾文之前的進化論

在達爾文之前就已經有學者主張進化論了，但是當時大多數人相信神創論，認為是神創造了世上萬物，所以大部分學者也按照神創論來解釋進化的現象。

法國生物學家拉馬克（1744～1829年）在建立礦物、植物、動物分類系統的同時，也主張進化論，認為所有生物都有能力由簡單基本的型態轉變為複雜完整的型態。拉馬克主張「用進廢退說」，並且舉出長頸鹿為例。他認為長頸鹿為了吃到高處的樹葉而伸長了脖子，隨著時間的過去，脖子也變得愈來愈長。換句話說，出於必要所得到的新能力會遺傳給後代。但是後來發現，生物出生後才得到的型態特徵並不會遺傳給後代。

拉馬克主張，長頸鹿為了吃到高枝上的樹葉，脖子變得愈來愈長。

・**達爾文的進化論**

當達爾文乘坐小獵犬號環遊全世界時，他親眼看到了各種植物、動物和地質方面的證據，也加深了對進化論的堅定信念。

達爾文認為，即使屬於同樣物種的動物也各有稍微不同的地方，而這種特徵會遺傳給後代。也就是說，同樣是長頸鹿，有脖子長的長頸鹿，也有脖子短的長頸鹿，而哪一隻會出現長脖子則純屬偶然。在這種情況下，當食物或生活空間受到限制時，如果是有利於長脖子長頸鹿生存的環境，那麼短脖子長頸鹿就會在生存競爭中被淘汰掉，只剩下長脖子長頸鹿存活下來。這樣的過程不斷重複，最後就只留下了長脖子的長頸鹿，達爾文將這個過程稱為「天擇」，也就是自然界對物種的選擇。

達爾文的進化論對後來許多學者和生物學領域產生了巨大的影響。

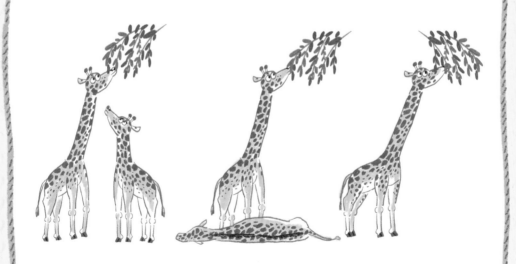

根據達爾文的進化論，短脖子長頸鹿會被淘汰，長脖子長頸鹿得以生存。

第3章
達爾文的研究室

達爾文的童年

「唉唷！」

我再次跌落在我的研究室地板上，這樣不行，趁著身上還沒有哪裡骨折之前至少得鋪上一塊墊子。

我突然很好奇喊達爾文叔叔「爸爸」的那個孩子。哼，我光沉迷於進化論，卻連達爾文叔叔的生平都不知道！我打開電腦，開始瘋狂地搜尋關於達爾文叔叔的資料，沒想到居然查出了比想像中更有趣的事情。

據說，達爾文叔叔小時候是一個不喜歡學習的小淘氣。他喜歡蒐集貝殼、錢幣和石頭之類的，這跟我太相像了吧？達爾文叔叔不好好學習，只著迷於稀奇古怪的事情上，被認為是「家族的大麻煩」，怪不得我想喊他一聲「老大」。

而達爾文叔叔的父親和祖父都是醫生，所以達爾文叔叔有段時間也上過醫學院。這裡說達爾文叔叔光是看到手術場景就受不了，嗯，可以想像。因為就連用現在的眼光來看，達爾文叔叔細膩又柔弱的氣質也

和醫生不相襯。

上大學的時候居然也沒有好好學習，只熱中於採集甲蟲！哇，怎麼會和我這麼志同道合呀！

但他的人生也並非一帆風順，在當時醫學不發達的時代，聽說叔叔的子女中有好幾個生病早逝了。唉，真令人心痛。

而且據說達爾文叔叔身體相當虛弱，時常都在生病，並且經常需要療養，大部分的時間都臥病在床，看來那段時間叔叔的妻子給了他很多幫助。當我讀到他因為健康因素於是離開紛紛擾擾的城市，在鄉下繼續進行研究的文章之後，我不自覺地點了點頭。達爾文叔叔在身體虛弱的情況下，之所以還能勤奮地進行實驗，都是因為家中和睦的氣氛，正體現了「家和萬事興」這句話！

有些人認為達爾文叔叔很早就開始研究進化論，只是因為害怕得不到人們的認同，所以沒有公開發表。但是我認為這樣的猜測是錯誤的，就我所看到的達爾文叔叔雖然也有可能畏懼周圍人們的反應，但應該是還沒有找到確鑿的證據，所以才延後了公開的時間。因為沒有證據就隨便亂說，這不是真正的科學家應該具備的態度，我不禁對叔叔的藤壺研究成果感到更加好奇。

（要不要現在過去問問看？）

但是這時媽媽打開我研究室的小窗，探頭進來說：

「金鎮宇，快來吃晚飯！」

啊，這下不行了，只能下回再去拜訪達爾文叔叔的研究室了。我趕緊關掉電腦回家去。

「叔叔，再等我一下喔！」

尋找變化的痕跡：藤壺實驗

今天是周末，我回到研究室，把鬆軟的墊子放在書架下方後，再爬上椅子。隔板內側的玻璃瓶數量好像減少了，但我忙著在腦子裡整理想向叔叔請教的問題，所以沒注意到。後來，我對自己這種一點也不像個科學家的態度感到後悔。

「叔叔，我來了！」

達爾文叔叔果然是個細心的人！不知道是不是和我很有默契，叔叔也在書架下方放了好幾個鬆軟的椅墊，因此這次我毫髮無傷地安全抵達，連一聲「唉唷！」都沒發出來。達爾文叔叔坐在沙發上頭一點一點地打瞌睡，直到聽到砰的一聲才驚醒過來。

「啊，是鎮宇呀！上次一不小心就回家去了吧？」

「是的！那個時候走進房間的小孩是叔叔的兒子嗎？」

「沒錯，也是我的得力助手！」

我拿出帶來的筆記本和鉛筆，走到叔叔面前坐下來。

「叔叔，請告訴我有關藤壺的研究。」

「哈哈，那東西很有意思嗎？」

「是的，我非常好奇。」

幸好達爾文叔叔似乎沒有因為我想了解藤壺研究而感到厭煩。

「說來話長，雖然我做事也比較慢，不過少說也有……。」

「我知道，您研究了長達8年的時間。」

叔叔睜大眼睛問：

「咦？你怎麼知道？」

「大家對您非常感興趣，隨處都可以找到關於您的資料。」

叔叔有點不好意思地從五斗櫃裡拿出了一個盒子。

「好，那麼現在就讓我來跟你說說我的藤壺研究吧。」

我在1839年結婚，在那之後我用心觀察人們普遍栽種的農作物和飼養的家畜，整理出「物種的進化乃是根據自然界的選擇」的論點。於是到了1842年，我將自己對進化論的看法歸納成短短的35頁，並且在2年後以此為基礎完成了230頁的手稿。但是真正出版《物種起源》這本書，卻是距離那時15年後的事情。有朋友問我為什麼拖了這麼久，這也是有原因的。

當時我有一個非常要好的朋友名叫胡克，是一位植物學家，他曾經跟我這麼說：

「不依據大量標本加以詳細解說的人，就沒有資格研究物種問題。」

我聽了這句話心裡一驚，想到自己之前研究的東西是不是只是略知皮毛而已。所以，在和胡克往返的書信中，我訂下了完善自己研究的計畫，從大約1846

年開始，正式著手進行藤壺研究。我甚至下定決心要看遍世上所有的藤壺，絕不草率地研究。

藤壺看起來像貝類，但幼體長得像蝦子有很多隻節肢，所以可以隨波逐流、自在地生活，長大之後會黏附在海裡的暗礁或船底下生根，這就是我們常見的藤壺。藤壺是雌雄同體，靠吸食浮游生物維生。這些就是有關於藤壺的一般常識。

那麼，這個盒子裡的藤壺和其他藤壺有什麼差別嗎？哈哈，的確有！這個藤壺是在小獵犬號航行途中發現的，但不像其他藤壺一樣是雌雄同體，大的主體是雌性，雄體則像小小的寄生蟲一樣，附著在雌體外殼上生存。沒想到一直被認為是雌雄同體的藤壺，居然會有這樣的變種，真是令人驚訝。

我想著除了這傢伙之外，是不是還有其他不是雌雄同體的藤壺，於是就把焦點放在繁殖方法上，開始觀察各種類型的藤壺。問題是，藤壺的變種實在太多了，一開始我以為半年就能結束，結果這項研究持續了8年之久。

你一定很好奇我觀察了多少藤壺吧？現在回想起

來，好像全世界的藤壺都被我看遍了。大英博物館裡展示的藤壺就不用說了，還從世界各地買了許多藤壺回來。

就這樣研究了8年之後，我得出了一個結論，原本雌雄同體的藤壺，正在經歷雌雄異體的進化過程。哈哈，你不覺得很驚人嗎？

我吃驚地瞪大了眼睛。

「哇，這比我想像的更驚人。我覺得雀鳥的鳥喙形狀，隨著時間的過去，有一些改變也是可以理解的。但是，從雌雄同體變成雌雄異體，這種變化也太令人震驚了。原本沒有雌體和雄體的區別，現在卻分別有了雌體和雄體。」

「哈哈，沒錯！確實很令人震驚。所以我也不認為人們會輕易相信我的話。但是，當我整理好資料之後，一眼就能看出藤壺的繁殖方法是如何演變的。我就這樣完成了有關藤壺的論文，幸好得到了許多人的認同。」

「太好了！」

我不知不覺地鼓起掌來，如果那篇論文受到指責的話，或許我們熟知的《物種起源》就不會問世。小心謹慎的達爾文叔叔一定不會讓《物種起源》在他還活著的時候出版，這是可以肯定的！

達爾文叔叔這時才從椅子上站起來，喝了一口茶。雖然是好幾年前的事情了，但叔叔的口氣聽起來卻像是才剛發生一樣。

「嗯嗯，藤壺研究雖然讓我聲名大噪，但另一方面來說也是一個契機，讓我確定自己的研究方法是正確的。系統化地深入研究真的非常重要，還有必須觀察各式各樣的標本，找出不同之處後，解讀其中的意義。」

達爾文叔叔的身體雖然虛弱，意志卻像泰山一樣堅強，令人刮目相看。然而這時，研究室一角傳來時鐘「噹噹」的聲響。哎呀，太陽快下山了！我像灰姑娘一樣趕緊起身走向書架。

「叔叔，藤壺的故事太有趣了，下次請讓我看看您居住的唐屋！」

「沒問題，回去小心點！」

達爾文的《物種起源》

《物種起源》出版於1859年，是一本厚達500多頁的書。《物種起源》中主張各個種類的植物和動物並不是從最初出現的時候就長現在這個模樣，而是通過自然界的選擇逐漸進化而成的。這種進化的特徵並非只出現在特定物種身上，而是一種發生在所有物種的普遍現象。他為了證明這一點，盡可能地蒐集了許多資料，藉以提出具有說服力的論點。

當時大多數人都相信神造萬物的神創論，因此排斥達爾文的進化論。但是，達爾文以具有科學性及邏輯性的方式說明進化的過程，並提出許多證據來證明自己的假設。

儘管價格不菲，《物種起源》仍然成為了當時的暢銷書籍，並且無論在科學家、神學家或一般讀者之間都大受歡迎。

批判達爾文理論的人諷刺達爾文的圖畫。

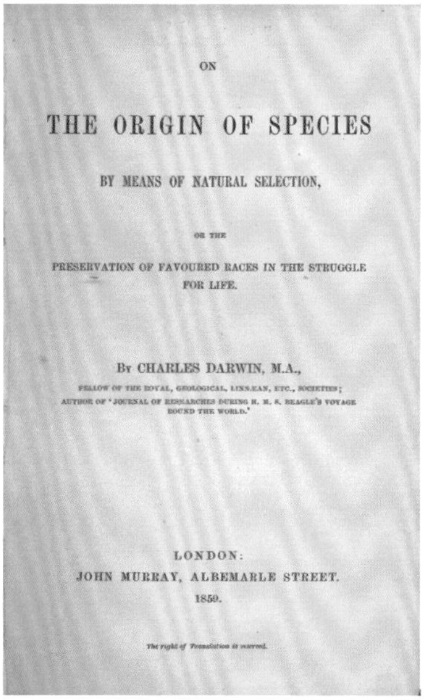

ON

THE ORIGIN OF SPECIES

BY MEANS OF NATURAL SELECTION,

OR THE

PRESERVATION OF FAVOURED RACES IN THE STRUGGLE FOR LIFE.

BY CHARLES DARWIN, M.A.,

FELLOW OF THE ROYAL, GEOLOGICAL, LINNÆAN, ETC., SOCIETIES;
AUTHOR OF 'JOURNAL OF RESEARCHES DURING H. M. S. BEAGLE'S VOYAGE ROUND THE WORLD.'

LONDON:
JOHN MURRAY, ALBEMARLE STREET.
1859.

The right of Translation is reserved.

《物種起源》初版扉頁。

天擇是冷酷的：草坪實驗

從那天開始，我就認真研究進化論，但是不管我讀再多的書，「天擇」這個字眼還是很令人費解，意思似乎是說有能力的才能活下來，否則就會被淘汰，感覺很沒有人情味。

我想還是得去找叔叔一趟，再多了解一下天擇是什麼意思。這次也順便請叔叔帶我參觀他居住的唐屋吧。

我站在書架前面，深深地吸了一口氣。然後緊緊閉上眼睛，推了一下玻璃瓶。

「哇啊！」

不管經歷多少次都不會習慣的黑暗旋風！

「唉唷！叔叔，我來了。」

雖然沒有事先告知達爾文叔叔，但叔叔今天也待在研究室裡。他露出燦爛的笑容歡迎我的到來，我還來不及喘口氣就說：

「叔叔，今天我想了解一下『天擇』。」

「喔，那你來得正是時候！我的家人剛好都出去了，家裡現在一個人也沒有。今天要不要到外面去走走？」

一走出達爾文叔叔的家，眼前就出現一個大院子，聽說連小山、堤壩和遼闊的森林全都是屬於叔叔家的土地。我驚訝地張大了嘴，和叔叔一起邁開步伐。

叔叔帶著我到他家後面的庭園，一處籬笆環繞的小農地裡雜草叢生。

（嗯，這些植物似乎不值得架起籬笆種植……。）

我按捺不住好奇心問了一下叔叔。

「叔叔，您還種雜草嗎？」

「哈哈，雜草是世界上最常見的植物，所以也最適合我的實驗。讓我看看，這裡面應該有一些我寫下

來的東西……。」

在叔叔掏出的手冊裡頭，標示著許多的日期和數字。

「嗯，我從3月初開始每天都會數一數這籬笆裡面又長出了幾株芽。一開始長出的新芽有357株，但

每一天都有幾十株新芽死掉。有時候是被蝸牛啃咬，有時候是因為昆蟲愈來愈多，有時候則是因為天氣的緣故……。最後，3月冒出來的新芽中，一直存活到8月的只有62株。會欺負植物的不是只有動物，植物之間也會互相競爭，我做了實驗之後才發現生長在小小草地裡的20種植物中，有9種是因為其他種類的植物而死亡的。」

換句話說，在這塊看似和睦的草地上，每天都在上演激烈的殊死搏鬥。

「叔叔，天擇太可怕了，稍微一個不注意就可能會消失不見……。所以，我媽老是要我『用功，用功！』，因為只要稍微鬆懈了，成績就會一下子掉下去。」

我一臉悶悶不樂地低下頭，達爾文叔叔拍拍我的背說：

「鎮宇，我希望你不要因此覺得這個世界太可怕，看看那些草，長的都不一樣吧？有高大的植物、有矮小的植物、有闊葉的草、有窄葉的草……，它們都以各自不同的獨特特徵適應環境生存。你也可

串連完全不同的事物：食蟲植物實驗

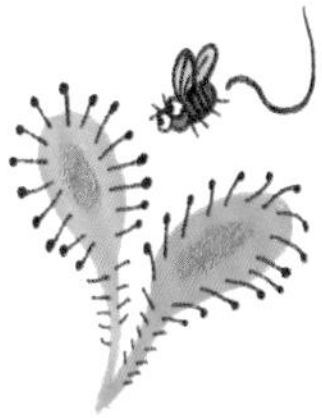

那天回家以後，我不時地想起和叔叔的對話。我身邊有許多人知道進化論，卻很少有人真正明白叔叔無窮無盡的努力。

事實上，當叔叔跪在院子裡數雜草的那個時期，並不是那麼和平的時代。1958年，就在《物種起源》一書出版的前一年，有一位名叫華萊士的科學家寄來一篇論文，提出了一個與達爾文叔叔的理論幾乎完全相同的主張。據說，叔叔看了華萊士的論文之後，有一陣子什麼事都沒辦法做，他一定有種20多年來辛辛苦苦研究的成果可能會被別人搶走的感覺，所以當然會感到很洩氣。要是我的話，一定會氣得跳腳……。

但是，幸好達爾文叔叔和華萊士並沒有為了研究成果而發生爭執。曾經協助達爾文叔叔研究的幾個朋友建議他將自己的論文和華萊士的論文一起提交給學會，兩個人的論文就在沒有引發任何紛爭的情況下問世。

雖然達爾文叔叔擔心學者們讀完他的論文後會提出反對或抗議，但出乎意料之外地論文順利通過。接著唯一剩下來的事情，就是撰寫我所知道的《物種起源》這本書。

「是呀，我該羨慕的是叔叔的意志力才對！」

我抱著軍人上戰場的決心，再一次確認自己要成為科學家的心意。

我正想去找達爾文叔叔，卻突然看到書架上的玻璃瓶僅僅剩下2個了。

「難道……？」

我歪著頭，心中有了不祥的預感，但要證實我的不祥預感，還是得去一趟達爾文叔叔的研究室才行。我心裡想著「不會吧，不會吧！」，搖了搖頭就朝著叔叔的研究室去了。

「卡啦！」

「哦，鎮宇來了呀！」

達爾文叔叔依然高興地歡迎著我，不過今天他手上拿著一個小罐子好像正要走出房間去哪裡的樣子。

「您要去哪裡？」

「啊，我正打算去溫室呢！得去照料毛氈苔和捕蠅草。」

「哇，叔叔！您還種植毛氈苔和捕蠅草嗎？我也種過！」

我很自然地跟著叔叔一起走。走出研究室後，叔叔一面朝著後院的小溫室走去，一面繼續剛才的話題。

「哈哈，我也是在動手寫《物種起源》之後才開始種的。為了寫書，我操勞過度，結果身體變差了，去療養的時候第一次看到毛氈苔。植物竟然會吃昆蟲，這件事實在太神奇了，我當場就帶它回家開始種植。」

「我也覺得這件事很神奇，植物不是給人很和平的感覺嗎？只會成為動物的食物，一點也不具有攻擊性。但是這傢伙卻不一樣，一開始我還有點怕怕的。」

「是呀，我也是那種感覺。這東西裝得跟其他植物一樣靜靜地站在那裡，引誘了昆蟲之後，居然就用黏黏的葉子獵捕！簡直就跟肉食動物躲起來突擊獵物沒兩樣。」

哇，這種愉快的心情，就像和一個與我志同道合的朋友聊天一樣。我心裡感到相當高興，話當然也就更多了。

「沒錯，沒錯。我實驗室旁邊的牆面上有一株常春藤，每到夏天就看到觸鬚一天天地長大，那末梢就像動物的頭正觀望著想攀上哪裡一樣，所以我才覺得植物和動物隱約有著相似的地方。」

「其實按照我的進化論來看，植物和動物可以說來自同一個祖先，無論是在化學成分、細胞結構、生長方式或繁殖型態，都有許多相似的地方。所以我才認為，地球上的所有生物其實都源自同一種原始生命形式。」

「哦，也就是說，叔叔認為毛氈苔同時具有動物和植物的特性囉？」

「沒錯！」

叔叔打開溫室的門走進去，向我展示了一排排的食蟲植物。有合攏葉子捕捉昆蟲的捕蠅草、帶著黏

液的毛氈苔、掛著長籠的豬籠草等各式各樣的食蟲植物。叔叔從捧在手上的罐子裡取出死蒼蠅，各放一隻在花盆裡。

每一盆都放好蒼蠅之後，叔叔便坐在溫室角落裡的椅子上，也請我一起坐下來。陽光暖洋洋的，溫室裡到處散發著清甜的味道，讓我的心情好多了。叔叔像抱著貓咪一樣抱著一盆毛氈苔，開始說起了有趣的故事。

當時，眾所皆知植物是通過光合作用製造養分的，所以沒有人認為植物會捕食昆蟲。但是我覺得毛氈苔觸鬚的模樣，和水母、海星捕捉獵物時使用的觸手很相似，所以我推測毛氈苔也是和這類型的動物一樣會捕食昆蟲。

我決定了解毛氈苔是怎麼分辨出掛在觸鬚上的東西是不是食物的，觀察結果發現，毛氈苔並沒有捕食所有掛在觸鬚上的東西。於是，我給了它們各種不同的食物，甚至是一團頭髮或腳趾甲，但這些東西都被它們推了出來，彷彿在說「你就給我吃這種東西嗎？」一般。

後來，我才發現毛氈苔喜歡吃的東西有個共同點，那就是食物中帶有植物生長所需要的「含氮化合物」。因此，我嘗試建立一種假設。

毛氈苔主要生長的沼澤地氮氣不足。

▼

只依靠光合作用製造的養分無法良好生長。

▼

適應環境後開始捕食蟲子。

建立了這樣的假設之後，我就將含有氮素和不含氮素的食物區分開來，並且重新進行實驗。結果，毛氈苔只捕食那些含有氮素的食物，這傢伙真是個了不起的化學家。

10年前的毛氈苔研究到這裡就暫時告了一段落，因為我自己原本就還有其他許許多多的事情要忙。一直到最近，我才決定再次開始探索毛氈苔消化食物的能力。

在我眼中，毛氈苔和捕蠅草看起來就像動物的「胃」，我覺得毛氈苔分泌出來的液體應該和消化有關。

於是我發現，毛氈苔的葉子平時雖然保持中性，不過一旦吃完食物之後，就會變成酸性。為了能夠證實這一點，我每次餵食完毛氈苔之後，就把酸性消化液轉換成中性，結果這些傢伙果然沒辦法消化食物了。

我反覆進行了好幾次實驗之後，才終於提出毛氈苔分泌的液體和動物胃裡面分泌的消化液很相似的主張。

我不自覺地張大了嘴看著叔叔。

「哇，雖然我也種過毛氈苔和捕蠅草，但我只會說一句『也有吃昆蟲的植物呀！』而已，從來沒有對此感到好奇……。達爾文叔叔不愧是一位偉大的科學家！」

「哈哈，沒必要那麼自責。當時我正好沉迷於進化論，因為人們對我的進化論說三道四讓我很鬱悶，所以才會留心觀察結合動物和植物特性的食蟲植物。」

叔叔用親切的聲音安慰我。

第4章
失敗也沒關係

第一次實驗失敗

從達爾文叔叔的研究室回來的第二天，我就纏著媽媽幫我買了10盆毛氈苔。雖然媽媽抱怨非得買這麼多嗎，但我堅決地說：

「為了我的研究，這些都是不可或缺的！科學家的求知欲要靠實驗來滿足！」

我的研究室正適合用來進行毛氈苔實驗，不僅溫暖潮濕，而且很容易就能抓到小飛蟲和小蜘蛛。我一有空就會捕捉蟲子放進罐子裡，而且我打算只勤奮地餵食其中5盆，剩下的5盆只澆水，看看會發生什麼事情。

如果達爾文叔叔的預測是正確的，而且我的理解也是正確的話，有餵食物的毛氈苔應該會茁壯地生長，沒有餵食物的毛氈苔會枯萎才對。

可是，過了1天、2天、1個星期、2個星期後，10盆毛氈苔全都枯萎了。尤其是餵了食物的毛氈苔甚至連葉子都發黃變乾，這實在讓我難以理解。我這麼用心地抓蟲子來餵食，你們是不是太過分了？

「是不是吃太多也會枯萎？只不過是10個盆栽的實驗而已，連這都做不好怎麼辦……。」

我懷著鬱悶的心情決定再去找達爾文叔叔，但是卻突然想起一件事。

「對了，上次忘記檢查玻璃瓶的數量是不是減少了……。」

我踩著椅子爬上去探頭一看，一瞬間我的心沉了下去。第一次發現的時候瓶子明明有好幾個排成一排，現在卻只剩下一個了。

「難道我每去找叔叔一次，瓶子就會減少一個嗎？」

如果我的假設正確，那麼這次就是最後一次可以見到達爾文叔叔的機會了。只為了抱怨實驗失敗就去找達爾文叔叔，這麼做合適嗎？不是應該等以後有更重要的事情要討論的時候再去嗎？因此，我推遲了立刻就去找叔叔的行動，開始沉思起來，放在窗邊的毛氈苔顯得格外枯槁。

「這些傢伙理解主人的感受嗎？」

我想知道叔叔過得好不好，就開始上網搜尋。如

果不能去找叔叔，至少也要看看毛氈苔實驗的記錄。就在這時候，忽然有一行字映入了我的眼簾。

「達爾文為他的兒子想出了這種實驗而感到驕傲，但他沒能看到兒子最終的實驗結果就離開了世上。」

天呀！這麼說，幾年後叔叔就會去世了……。我突然著急了起來，我根本沒想到達爾文叔叔的時間已經所剩無幾，還放心得好像隨時都能去拜訪他一樣。

「金鎮宇，你這個笨蛋！你居然忘記叔叔是一位百餘年前就去世的偉人，至少應該把家裡的紅蔘帶去送給他呀！」

我想在叔叔病得更嚴重、身體更虛弱之前再和他說說話。

「達爾文叔叔，我馬上就過去！」

不要隱瞞自己的無知

最後一次拜訪叔叔書房的那一天，總是忙碌不堪的達爾文叔叔坐在沙發上，我趕緊跑上前去，緊緊地握住叔叔的手。

「咳咳咳咳，鎮宇來啦！我身體不太舒服，就先坐著了。不過，發生了什麼事嗎？表情看起來很陰鬱呢！」

果然還是叔叔好，明明自己身體不舒服，還是先留意了我的表情……。

「其實呀，我用10盆毛氈苔做實驗，結果搞砸了。很奇怪地，不管是餵蟲子的毛氈苔，還是澆水的毛氈苔全都枯萎了。實驗過程可能哪裡出錯了吧，可是我找不出錯在哪裡所以很煩惱，看來我在研究和實驗方面沒什麼天分吧！」

「哈哈，別亂說！研究和實驗靠的不是天分，而是要踏踏實實地去做。況且，只要是科學家，誰都有這種時候，別擔心！成功的實驗是需要通過無數次失

敗的，而且有時候就算你認真研究了，也不見得能得到答案。」

「像叔叔這麼優秀的科學家也會有這種時候嗎？真是難以置信！」

「當然有！作為科學家很重要的一點，就是要接受，而不是隱瞞自己的無知。我看看，今天就給你講個『嗡嗡位置』的故事吧！」

「嗡嗡位置嗎？一定很有趣。」

達爾文叔叔讓我面對著他坐下來，慢慢地說起故事。

大概在我兒子喬治8歲的時候吧？有一天喬治說橡樹附近有大黃蜂蜂窩，但是據我所知那裡並沒有蜂窩呀！所以喬治就問，如果沒有蜂窩，那大黃蜂為什麼會在那逗留？

於是我就和喬治一起在那個地方等待，結果真的有大黃蜂一隻隻地在橡樹附近飛來飛去，我們就把那裡稱為「嗡嗡位置」。蜂群按照既定的路線飛行，途中會逗留在嗡嗡位置。我實在很好奇為什麼偏偏選擇在那個位置嗡嗡地逗留盤旋，所以就把家裡的孩子們全都叫了過來，開始追著大黃蜂跑。我們總共找到了11處嗡嗡位置，孩子們各自守在一處嗡嗡位置附近，只要一看到蜂出現就大聲喊叫。

我們花了3年的時間追蹤蜂群進行實驗，一到春天，換了蜂后或所有剛孵化的幼蜂全都和以前的大黃蜂一樣來到這裡。我們試著割除嗡嗡位置周圍的草，或者用網子蓋住，但蜂群還是會準確地逗留在那個位置上嗡嗡飛舞。

然而，進行了那麼長時間的觀察實驗，我還是無法理解為什麼會出現嗡嗡位置。但是我沒有對孩子們說謊，隱瞞自己的無知對科學家的研究一點幫助都沒有。這個實驗雖然在沒有任何成果的情況下結束，但對於我日後的蜂巢研究助益良多。所以鎮宇，你要記住，有很多事情現在看起來像是失敗，但日後會證明其實它並沒有失敗。

叔叔結束了話題，似乎是已經預料到我以後沒辦法再來這裡了。我的眼淚幾乎要奪眶而出，但被我硬生生忍了下來。

「叔叔，我以後可能沒法再來這裡了。就算我沒來，您也不要太難過喔！」

「是嗎？嗯，反正你出現的那一天也很突然，我早就在想你可能有一天再也來不了了。但是，你如果真的不來了，我會覺得很空虛的。多虧了你，我才知道我的研究得到後世人的肯定，讓我精神好多了。謝謝你，鎮宇。」

其實，該說謝謝的人是我，叔叔彷彿知道我的心意似地微微笑了笑。

「好吧，既然有可能是最後一次，那麼我要送你一份禮物。」

叔叔從書桌抽屜裡拿出一本厚厚的筆記本遞給我。

「鎮宇，你不是說過你也想成為科學家嗎？這本筆記本讓你隨身攜帶，養成有什麼就在記在裡面的習慣。不管是把觀察的對象畫下來，還是簡單地寫下浮現在你腦海中的創意都可以。一旦對什麼感到好奇，無論是多麼愚蠢的問題都先寫在這裡，之後再慢慢回味。只要能這麼做，你就可以在剩餘的人生做你想做的事情。」

事實上，我已經記不清最後那天我和叔叔說了什麼才回家的，因為我的心中充滿了「再過幾年叔叔就要離開人世」的悲傷和惋惜。

我平安無事地返回研究室，遺憾的心情讓我甚至拿著手電筒又一次觀察書架。但是曾經擺放著玻璃瓶的隔板上連個印痕都沒有，彷彿那種東西從未出現過似的，也完全沒有玻璃破碎的殘跡。雖然真的很可惜，但我也明白了過去那段時間裡能和叔叔數度交談是多麼地幸運。

那天晚上，我看著放在客廳書架上的《物種起源》，如果是以前，我一定會抱怨這本書怎麼這麼厚，但現在我知道了，比起叔叔為了書裡寫的一個個實驗所付出的辛勞，這種厚度根本算不了什麼。

我深深地吸了一口氣，打開叔叔給的筆記本。在扉頁上寫下「金鎮宇的研究筆記」之後，我的心臟就開始撲通撲通地跳。我要在這裡提出什麼問題，寫下什麼想法呢？叔叔說著「隨身攜帶筆記本，有什麼就記下來」的聲音，彷彿還在耳邊回響。

我小心翼翼地翻開最後一頁，上面還清楚地留著叔叔慎重而有力地寫下來的「查爾斯・達爾文」這個名字。

好，我一定要成為對得起這個名字的優秀科學家！

聰明學習
演化的證據 — 化石

什麼是化石？

化石是揭開生物演化過程的重要證據。化石是生活在地質時期時，留在地層中的動植物軀體或痕跡，譬如屬於動物軀體的骨頭、屬於動物遺留痕跡的腳印、排泄物、卵等都會形成化石。

韓國慶尚南道高城郡海岸發現的中生代白堊紀恐龍腳印化石。

並非所有的化石都是石頭，譬如從樹木流出來的黏液凝固之後會形成琥珀，昆蟲進入琥珀中就有可能成為化石。西伯利亞冰凍的土地裡就曾經發現已經滅絕的長毛象，這也是化石。當有其他物質滲入樹幹中硬化之後形成的化石，稱為矽化木。矽化木完整地保存了樹木的外觀、紋理和大小，有助於研究遠古時代的植物。

非洲納米比亞的化石林中發現的矽化木，化石林中聚集了型態和活著時幾乎一模一樣的矽化木。

化石是如何形成的？

化石是生物的堅硬部分遺留下來而形成的，但並非所有動物死後都會變成化石，以下來看看形成化石的過程。

① 死去的動物沉入湖底或河底。

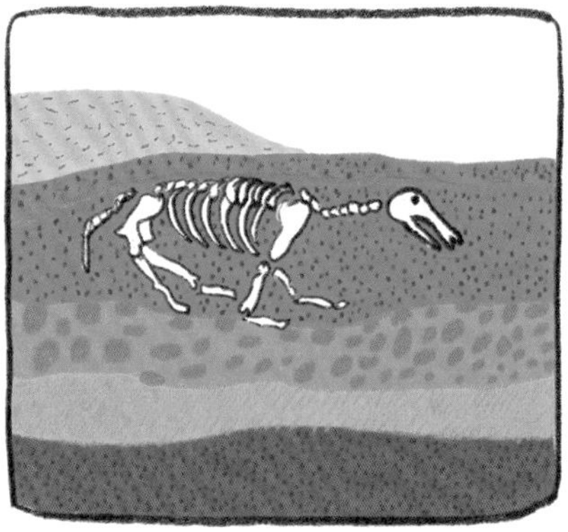

② 軟肉腐爛，只留下骨頭或外殼等堅硬的部分。

③ 隨著上方的沉積物不斷堆積形成地層，骨頭變成了化石。

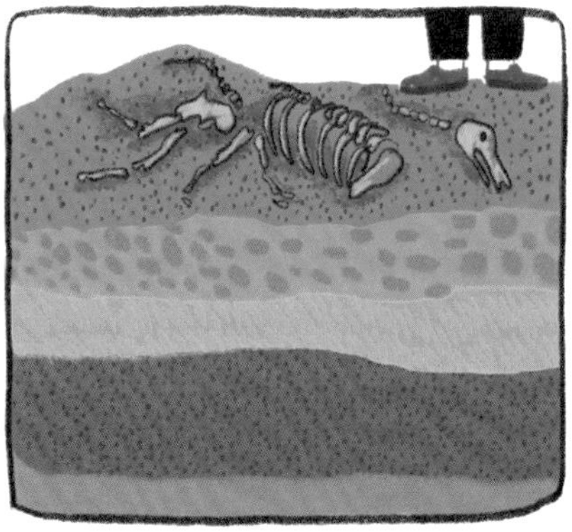

④ 經過長期的歲月，隨著地層的上升，化石就被發現了。

化石是在什麼條件下形成的？

如果所有動物死後都形成化石的話，那這世界上遍地都是化石了。化石的形成必須符合幾個條件，想成為化石，究竟需要哪些條件呢？

・身體上必須有許多堅硬的部分！

身體上有許多如骨頭、外殼、牙齒、角等堅硬部分的生物，較有可能成為化石保留下來。這是因為堅硬的部分不但耐衝擊，還能夠長時間完整保存。

・必須在最短的時間內被掩埋！

死亡後必須在最短的時間內被掩埋，才不會被其他生物吃掉或太快腐爛。

・不能經過地殼變動！

埋藏在地底期間，如果受到高熱或高壓，就無法成為化石。如果火山爆發，化石也會被融化。

・生物體數量必須夠多！

即使滿足了所有的條件，但只有當生物體數量夠多時，形成化石保留下來的機率才會高。

三葉蟲化石。三葉蟲是生活在古生代的海洋生物，具有多個節所組成的堅硬甲殼。

製作化石的實驗

進行製作化石實驗的同時，也體驗化石形成的過程。

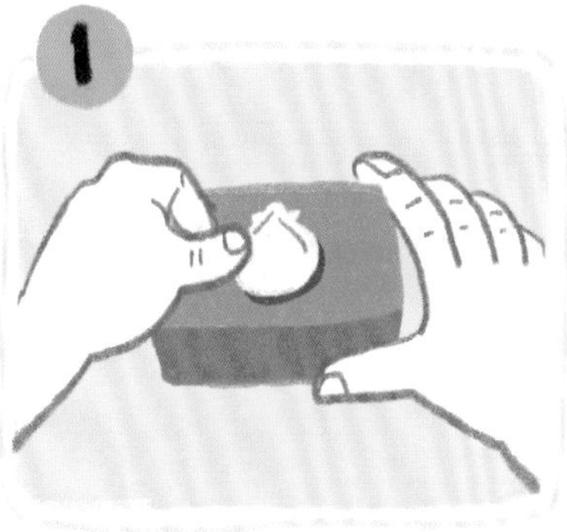

把扇貝放在黏土台上，用手用力按壓，再取出扇貝。

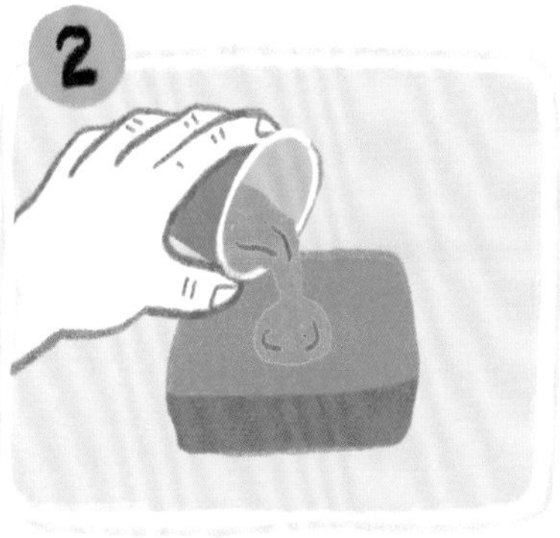

在紙杯裡放入海藻酸鈉粉末和水，用木筷攪拌成一團，再將海藻酸鈉團塊倒進黏土台上的扇貝壓印裡。

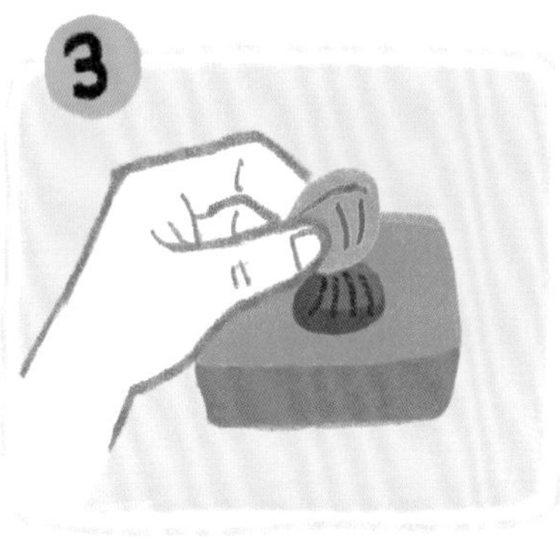

海藻酸鈉團塊完全硬化後，從黏土台剝離下來。

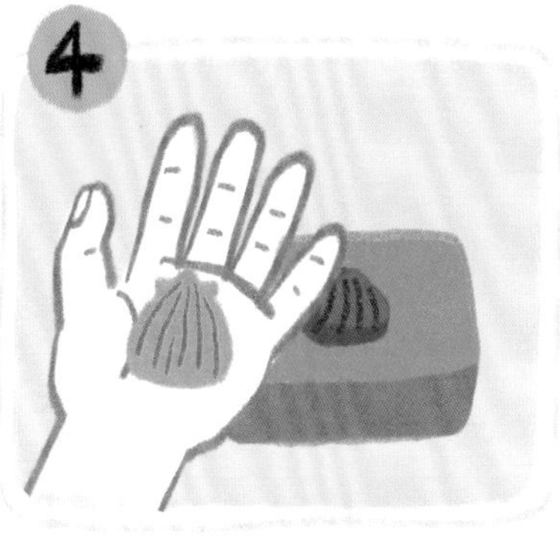

觀察剝下來的扇貝化石模型。

※如果能成功地製作出扇貝化石模型的話，也可以嘗試使用恐龍模型或昆蟲模型玩具進行實驗！

透過化石來看馬的演化

在動物界中，馬因為留下了大量的化石，所以演化研究也較為其他動物完整。馬的祖先是生活在北美洲大陸，名為「始祖馬」的動物；與現在不同的是，牠們個頭矮小，有數隻腳趾而不是馬蹄，吃樹枝上的樹葉而不是吃草。然而，隨著歲月的流逝，身體開始慢慢有了改變。

首先，隨著體型變大，四肢也變長，而且頭顱變大，臉型也跟著拉長。食物也從樹葉改變為草，為了幫助消化，臼齒變大，齒槽也變多。腿骨和肌肉變得發達，以便讓腿能快速地前後移動。腳趾只有中間一趾變大，兩旁的腳趾退化，最後演變成現在的馬蹄模樣。

在這個演化的過程中，馬的奔跑能力明顯變得比其他動物更卓越。

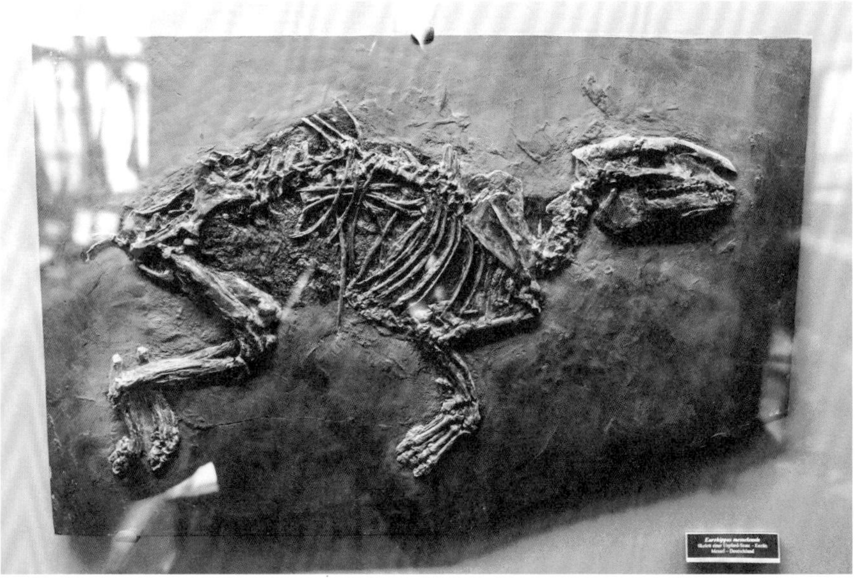

以馬的祖先聞名於世的始祖馬化石。

活化石 — 腔棘魚

腔棘魚原先被認為是出現在古生代時期、到了白堊紀晚期和恐龍一起滅絕的魚類；一直到1938年在南非沿岸發現了一種和腔棘魚化石一模一樣的活魚。原本以為早已消失的腔棘魚，在長達4億年的時間裡一直保持原貌，因此被稱為「活化石」。

腔棘魚有8個鰭，頭部非常堅硬，全身覆蓋一片片突起的硬鱗，透過在魚鰾裡注滿油的方式讓身體浮起。成魚身長超過2公尺，可存活約60年。

腔棘魚生活在深海裡，利用電波尋找食物。游動時會交錯擺動左右腹鰭和胸鰭，和牛、狗走路的模樣十分相似。

由此可知，腔棘魚掌握了揭開古代魚類演化成陸地動物過程的重要關鍵。

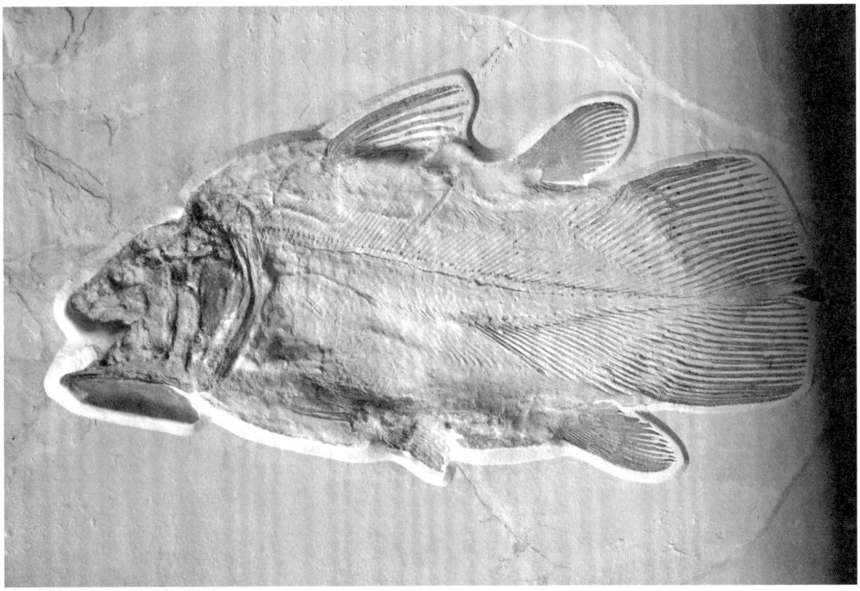

被稱為活化石的腔棘魚化石。

監修者的話

在達爾文的進化論問世之前，人們相信世界萬物是由慈悲的天神完美地創造出來的，並不需要進化或變化，而達爾文起初也這麼認為。喜歡採集動植物和探訪大自然活動的達爾文，很幸運地在1831年登上了小獵犬號。當他結束5年來的各種探訪活動回到英國時，達爾文掌握了生物其實是會進化的事實。

達爾文寫的《物種起源》，以任何人都無法否定的方式，明確地指出生物是會進化的。但到這本書出版時為止，中間經過了很長的時間，這是因為達爾文一向慎重，不願輕易發表自己的進化論。在20多年的時間裡，達爾文深思熟慮，蒐集無數進化的證據，更深入研究了基於天擇的進化論根據，直到他收到與自己有著幾乎完全相同看法的華萊士的信之後，他才加快腳步。最後達爾文終於發表了論述生物依天擇進化一書——《物種起源》。

《物種起源》發表後，人們再也無法否定生物進化的事實。生物進化的想法不僅對生物學，也對其他領域產生了很大的影響。著名的生物學家多布然斯基甚至說過「除非從演化的角度來看，否則生物學的一切都講不通」。實際上，大多數的生命現象，通常都必須從進化的視角來看才能明白其意義。

《達爾文的物競天擇》這本書以趣味橫生的方式，描述一個夢想成為科學家的少年鎮宇穿越時空和達爾文相會的故事。鎮宇從和藹親切的「達爾文叔叔」那裡聽到了關於小獵犬號航行的故事和獨特的實驗故事，不僅了解了進化的概念，也發現達爾文人性化的一面。與此同時，鎮宇也深有信心，只要自己能夠像達爾文一樣擁有創意、耐性和踏實的態度，就能成為一位優秀的科學家。

對進化和生物學感興趣，或是想知道偉大科學家達爾文人性化的一面和成就，又或是懷抱著具有創意的想法和踏實的態度想完成自己夢想的學生們，我向你們推薦這本書。

首爾中和高中副校長　金學顯

國家圖書館出版品預行編目 (CIP) 資料

達爾文的物競天擇 ： 從航海過程醞釀出物種演化 / 徐寶賢著 ; 安恩珍繪 ; 游芯歆譯 . -- 初版 . -- 臺北市 : 臺灣東販股份有限公司 , 2024.01
108 面 ; 16.5×22.5 公分
ISBN 978-626-379-174-9(平裝)

1.CST: 達爾文 (Darwin, Charles, 1809-1882)
2.CST: 演化論 3.CST: 通俗作品

362.1 112020414

達爾文的物競天擇

從航海過程醞釀出物種演化

2024年1月1日初版第一刷發行

作　　者　徐寶賢
繪　　者　安恩珍
監　　修　金學顯
譯　　者　游芯歆
特約編輯　柯懿庭
副 主 編　劉皓如
美術編輯　許麗文
發 行 人　若森稔雄
發 行 所　台灣東販股份有限公司
＜地址＞台北市南京東路4段130號2F-1
＜電話＞(02)2577-8878
＜傳真＞(02)2577-8896
＜網址＞http://www.tohan.com.tw
郵撥帳號　1405049-4
法律顧問　蕭雄淋律師
總 經 銷　聯合發行股份有限公司
＜電話＞(02)2917-8022

TOHAN